ERDMÄNNCHEN

Auf Wachtposten in der Wüste

Fotos von Nigel Dennis
Text von David Macdonald

ERDMÄNNCHEN

Auf Wachtposten in der Wüste

Ins Deutsche übertragen
von Inge Uffelmann

Bassermann

ISBN 978-3-8094-2643-1

Umschlaggestaltung und Satz: Atelier Versen, Bad Aibling
Übersetzung: Inge Uffelmann, Bayreuth
Redaktion: Herta Winkler
Herstellung: Sonja Storz

Druck: Craft Print International Ltd

Printed in Singapore

817 2635 4453 6271

Abbildung Seite 1: Wache stehendes Erdmännchen.
Abbildung Seite 2/3: Die Erdmännchen müssen unter den harten Bedingungen der Kalahari überleben. Das Bild zeigt einen Kameldornbaum – eine Akazie – in einem sich erhebenden Sandsturm in der Kalahari.
Abbildung rechts: Zwei Jungtiere neben einem erwachsenen Erdmännchen.
Abbildung Seite 6: Ein Erdmännchen sucht den Horizont nach sich nähernden Feinden ab.

6

Erdmännchen

Danksagungen

Des Fotografen

Ich danke den südafrikanischen Nationalparks für ihre freundliche Unterstützung und Hilfe während meines Aufenthalts im Kalahari Gemsbok National Park. Die in diesem Buch veröffentlichten Bilder wurden unter der Leitung und Kontrolle der Nationalparks Südafrikas gemacht. Ganz besonders möchte ich Dries und Henriette Engelbrecht, Giel und Emmerentia de Kock und Tinnie und Lettie Visser für ihre Zuvorkommenheit und Freundschaft danken. Zu Dank verpflichtet bin ich auch Professor Tim Clutton-Brock und dem Nossob Suricate Research Team, außerdem den Tierfilmern Lynn und Philip Richardson für ihre unschätzbare Hilfe bei meiner Arbeit. Wie immer begleitete mich meine Frau Wendy bei all meinen Besuchen in der Kalahari. Viele der Erdmännchenbilder dieses Buches wurden gemacht, während ich zu Fuß unterwegs war, oft sogar auf dem Boden lag, wobei ich leicht die Beute von großen Raubtieren hätte werden können. Ich bin Wendy ganz außerordentlich dankbar, dass sie, ohne Rücksicht auf sich selbst zu nehmen, während langer Stunden, in denen ich fotografierte, vom Dach unseres Wagens aus Ausschau nach Gefahren hielt. Ihr möchte ich dieses Buch widmen.

NIGEL DENNIS

Des Autors

Der Text dieses Buches stützt sich zum größten Teil auf eine zehnjährige Forschungsarbeit im Kalahari Gemsbok National Park. Mein herzlicher Dank gilt der Nationalparkverwaltung und dem Mammal Research Institute der Universität Pretoria für ihre Gastfreundschaft und Unterstützung während dieser langen Zeit. Auch danke ich meinen vielen Freunden und Mitarbeitern, insbesondere Sean Doolan, Mike Knight und Gus Mills sowie Lauren Harrington für die Hilfe bei der Vorbereitung des Textes.

DAVID MACDONALD

ERDMÄNNCHEN

Während über der Kalahari die Sonne aufgeht, löst sich ein kleines Wesen aus einem Knäuel von Artgenossen und reckt vorsichtig den Kopf aus dem Bau. Da keine Gefahr zu drohen scheint, kommt das Kerlchen ganz heraus, erhebt sich auf die Hinterbeine, blinzelt zur Sonne und lässt sich von ihr wärmen. Augenblicke später kommen weitere Artgenossen heraus und nehmen rund um den Bau Aufstellung, immer auf der Hut, denn es könnte Gefahr lauern. Es sind Erdmännchen, Vertreter einer der interessantesten Gruppen der Säugetiergesellschaften.

Erdmännchen *(Suricata suricata)* werden im Englischen ***meerkats***, im Deutschen auch Surikat und in Afrikaans ***stokstertjies*** (»Stockschwänze«) genannt. Ihr englischer Name leitet sich von den Afrikaanswörtern für »Moor« und »Katze« ab, doch sind die Erdmännchen weder Katzen noch leben sie in sumpfiger Umgebung. Vielmehr gehören sie zur Raubtierfamilie der Schleichkatzen und darin zu der *Herpestes* genannten Gattung der Mangusten oder Ichneumons. Sie leben in den semiariden Zonen Südafrikas, einem Gebiet, wo der durchschnittliche Jahresniederschlag bei weniger als 600 Millimetern liegt. Ihr Verbreitungsgebiet, das sich von Südangola über Namibia und Botsuana bis in den Norden Südafrikas erstreckt, überlappt mit dem der Gelben Manguste, der größeren Grauen Kapmanguste, des Rotichneumon und, im Norden, der Zebramanguste.

Selbst wenn sie sich, unterstützt von ihrem stockähnlichen Schwanz, auf die Hinterbeine stellen, sind die Erdmännchen kaum mehr als 30 Zentimeter groß. Doch ihre Reißzähne, ihre gebogenen Krallen und ihre scharfen Knopfaugen lassen keinen Zweifel: Sie sind Raubtiere. Etwa 236 Arten zählen heute zur Ordnung der Raubtiere,

Erdmännchen sind Mangusten, die in den ariden und semiariden Gebieten des westlichen Südafrika leben.

doch viele Spezies der Gattung sind längst ausgestorben. Die Vielfalt der heutigen Raubtiere ist groß, der Eisbär gehört ebenso dazu wie der Dachs, der Afrikanische Wildhund, der Panda, der Waschbär, der Otter und der Tiger. Alle stammen sie von einem gemeinsamen Vorfahren ab, der vor rund 60 Millionen Jahren lebte, und ihr einziges gemeinsames Merkmal sind ihre rasiermesserscharfen Reißzähne, die bestens geeignet sind, Fleisch zu zerkleinern. Bei einigen Arten allerdings sind diese Zähne kaum noch zu erkennen, weil sie sich im Laufe der Evolution auf eine bestimmte Ernährung spezialisiert haben, wie beispielsweise die nur Termiten fressenden Erdwölfe.

Gelbe Mangusten leben im gleichen Habitat wie die Erdmännchen, jagen ihre Beute aber üblicherweise allein und leben in kleineren, loseren Verbänden.

Die Vielfalt der Raubtierarten spiegelt ihre Anpassung an sichere Nahrungsquellen. Die meisten sind Fleischfresser, doch Seeotter ernähren sich von Muscheln, Kinkaju und Panda sind gar auf Pflanzenkost umgestiegen, und alle haben dieser Ernährung entsprechende soziale Verhaltensweisen ausgebildet. Während der Pardelroller als Einzelgänger nachtaktiv ist und kleine Wirbeltiere, Insekten und Früchte frisst, tun sich die Mitglieder eines Löwenrudels gemeinsam an einer gerissenen Antilope gütlich und Wölfe kombinieren die Kräfte eines ganzen, zwei Dutzend Tiere umfassenden Rudels, um einen Elch zu jagen.

Die Mangusten

Die heutigen Mangusten oder Ichneumons sind den frühesten fossilen Ahnen der neuzeitlichen Raubtiere ähnlich und weisen viele sehr alte anatomische Charakteristika auf. Ja, was ihre Skelettform und Bezahnung angeht, haben sie in den vergangenen 40 oder 50 Millionen Jahren kaum eine Veränderung erfahren.

Die ersten Mangusten entwickelten sich wohl vor 50 Millionen Jahren in Eurasien und wanderten im frühen Miozän (vor 20 bis 30 Millionen Jahren) nach Afrika ein. Vielleicht folgten sie wandernden Huftieren, aus deren Dung sie saftige Insekten und Maden klaubten. Anders als die Katzen, die den gleichen Ursprung hatten, querten sie nicht die einst bestehende Landbrücke über die Beringstraße und sind deshalb in Amerika nicht vertreten. Erst 1872 brachten Menschen den kleinen Indischen Mungo nach Jamaika, wo er in den Zuckerrohrplantagen die Ratten in Schach halten sollte. Wie in so vielen ähnlichen Fällen ging auch diese Maßnahme nach hinten los, denn heute gedeihen diese Mungos in Jamaika, Hawaii, Puerto Rico, Kuba und der Dominikanischen Republik, sind eine Bedrohung für die heimischen Kleintiere und verbreiten die Tollwut. Abgesehen davon findet man Mangusten heute nur in der Alten Welt und dort vor allem in Südeuropa, Israel, Ägypten, Asien und im südlichen Afrika.

Mangusten wiegen etwa ein Kilogramm und ähneln im Aussehen den Wieseln und Nerzen der Nordhalbkugel. Acht der 36 Arten der Gattung sind ausgesprochen gesellig, ein Zug, der sie von ihren wieselähnlichen Gegenstücken radikal unterscheidet. Die geselligen Arten, zu denen auch die Erdmännchen gehören, leben in Gruppen, in denen gegenseitige Abhängigkeit herrscht. Alle zusammen suchen während des Tages nach Insekten, die ihre Hauptnahrung bilden. Wenigstens zwei weitere Arten, die Gelbe Manguste des südlichen Afrika und der auf Madagaskar lebende Schmalstreifenmungo, arbeiten bei der Aufzucht der Jungen zusammen, obgleich sie üblicherweise allein auf Futtersuche gehen. Mangusten, die allein oder paarweise jagen, wie etwa der Rotichneumon, ernähren sich von größeren, aber seltener anzutreffenden Beutetieren wie kleinen Nagern, Vögeln und Eidechsen.

Die geselligen Arten leben zumeist in offenen Gebieten, während die solitär lebenden die dichten Wälder vorziehen, wo sie häufig nachtaktiv sind. In ihren Lebensstilen sind sie oft recht anpassungsfähig, wie das Beispiel des Ägyptischen Ichneumons zeigt, der in ganz Afrika und im Mittelmeerraum bis hin nach Israel vorkommt. Normalerweise einzelgängerisch und in der Morgen- und

Abenddämmerung aktiv, nährt er sich von gemischter Kost, doch wo Hotels mit ihren Abfällen für Nahrung sorgen, lebt er auch gesellig. In Spanien macht er sogar im Familienverband Jagd auf Kaninchen. Die Fähigkeit, den Lebensstil den herrschenden Gegebenheiten anzupassen, findet sich nicht nur bei Arten in bestimmten Lebensräumen, sondern sogar bei Individuen. Der Schmalstreifenmungo beispielsweise geht in den Trockenwäldern Madagaskars allein auf Futtersuche (vor allem Maden sind beliebt), macht aber in der Regenzeit in kooperativen Gruppen Jagd auf Mausmakis und Chamäleons.

Die meisten Raubtiere sind Einzelgänger. Bei denjenigen, die Gruppen bilden, gibt es Kleingruppen (häufig ein ungleichgeschlechtliches Paar), größere soziale Gruppen, die ein bestimmtes Revier beanspruchen, und hoch organisierte Rudel, die gemeinsam jagen. Die vielschichtigen Verhaltensweisen dieser Tiere zu erforschen und zu beschreiben ist seit rund 30 Jahren die abenteuerreiche und aufregende Arbeit spezialisierter Forscher.

Das gesellige Erdmännchen

Eine typische Erdmännchengruppe besteht aus zehn Individuen, doch Gruppen mit bis zu 30 Tieren sind keine Seltenheit. In jeder Gruppe gibt es ein bis drei sich fortpflanzende Weibchen, bis zu vier erwachsene Männchen (von denen eins meist die anderen dominiert), mehrere Jährlinge und bis zu einem Dutzend kleinere Jungtiere. Im Gegensatz zu Gruppen, bei denen es sich um Familien handelt – also ein Paar mit seinen Jungen –, finden sich in den Erdmännchengruppen immer mehrere Erwachsene beiderlei Geschlechts. Die Tiere bleiben einen großen Teil ihres Lebens zusammen, manchmal ein Leben lang, doch sowohl Jährlinge als auch Erwachsene beiderlei Geschlechts schließen sich gelegentlich anderen Gruppen an. Dieses Verhalten war bis in die frühen 1980er Jahre unbekannt. Doch seither durchgeführte Forschungen haben gezeigt, dass die Erdmännchen sehr komplexe Gesellschaften bilden. Was sich hier beobachten lässt, gehört zum Faszinierendsten, was man über die Entwicklung der Gruppenbildung unter Säugetieren (uns Menschen eingeschlossen) lernen kann.

Als kleine Raubtiere finden sich Erdmännchen in der unbequemen Situation, sowohl Jäger als auch Gejagte zu sein. Sie selbst durchstöbern jedes Loch und jede Ritze nach Käferlarven, Maden

Als Repräsentanten der Familien der Katzen, Hyänen und Hunde sind der Löwe (***oben***), die Braune Hyäne (***unten links***) und der Schabrackenschakal (***unten rechts***) entfernte Verwandte der Erdmännchen, denn alle gehören zur Ordnung der Raubtiere.

und Geckos, graben und buddeln fieberhaft, sowie es nach Nahrung riecht. Zugleich sind sie dem ständigen Risiko ausgesetzt, von einem Greifvogel gepackt zu werden, weshalb sie immer auch den Himmel im Auge haben müssen. Außerdem teilen sie ihr Habitat, die offene Savanne, mit Schlangen und mehr als 60 anderen Raubtierarten, zu denen Löwen, Tüpfelhyänen und Schabrackenschakale gehören. Sie alle stellen eine Bedrohung für die tagaktiven Erdmännchen dar.

Ein einzelnes Erdmännchen wäre nicht in der Lage, zugleich Futter zu suchen und die Umgebung zu beobachten. Als Mitglied eines Teams aber übernimmt es immer wieder auch die Rolle des Aufpassers, der zum Nutzen aller nach Gefahren Ausschau hält, während die anderen nach Nahrung suchen. Je größer die Gruppe, desto seltener muss das einzelne Individuum seine Futtersuche für diese Pflicht unterbrechen.

Wer gerade zum Wachtposten bestimmt ist, trägt große Verantwortung. Von einem erhöhten Standort aus, sei es der Ast einer Akazie, ein umgestürzter Baumstamm oder die Spitze eines Termitenbaus, hat der Wachhabende die ganze Umgebung im Blick. In regelmäßigen kurzen Abständen stößt er Laute aus. Dieses »Wachtpostenlied« signalisiert den anderen, dass er oder sie auf Posten ist und keine Gefahr droht. Alle erwachsenen Gruppenmitglieder müssen von Zeit zu Zeit diese Aufgabe übernehmen; wie lange sie ihren Dienst versehen, ist freilich unterschiedlich. Manche scheinen unermüdlich als Wachtposten, andere sind kleine Drückeberger.

Ein Erdmännchen steht Wache, während die Mitglieder seiner Gruppe sich der Nahrungssuche widmen.

Im Großen und Ganzen sind die älteren rangniederen Männchen die fleißigsten Wachtposten. Sie scheinen oft wie besessen von ihrer Pflicht. Sie suchen sich die höchsten Aussichtspunkte, bis zu vier Meter klettern sie hoch, und bleiben dort oft eine Stunde und länger. Hingegen übernehmen dominante Männchen nur selten diese Aufgabe und auch dann kaum länger als zehn Minuten. Auch die erwachsenen Weibchen erfüllen ihren Wachtdienst, doch gewöhnlich kürzer als die untergeordneten Männchen und auch nie von sehr hohem Standort aus. Am kürzesten und seltensten übernehmen die jungen Erwachsenen beiderlei Geschlechts den Wachtdienst.

Erdmännchen fürchten den Raubadler und können ihn auf große Entfernung identifizieren.

Die Wachtposten verfügen über eine Reihe verschiedener Warnrufe, die bestimmten Gefahrenstufen entsprechen. Ein »Piep« macht auf einen Räuber aufmerksam, der sich weit entfernt befindet oder keine besondere Gefahr darstellt. Ein »Knurren« zeigt an, dass sich der Räuber weiterhin auf die Gruppe zu bewegt oder eine andere akutere Gefahr besteht. Je näher die Gefahr rückt, desto gutturaler der ausgestoßene Warnruf. Weißrückengeier, Hühnerhabicht und Gaukler greifen Erdmännchen nur selten an und sind deshalb nur einen kurzen Alarmruf wert. Hingegen lösen der Raub- oder Savannenadler und der Kampfadler einen langen, aufgeregten Warntriller aus. Erdmännchen können sogar den Kampfadler vom Schwarzbrust-Schlangenadler unterscheiden, der ihm sehr ähnlich sieht, aber keine Gefahr darstellt. Kleinere Greifvögel wie Falken werden geduldet, solange sie mehr als 30 Meter entfernt sind. Kommen sie näher, lösen sie eine gewisse Ungehaltenheit aus. Zeigt sich aber ein Kampadler in 300 Meter Entfernung, wird sofort Alarm gegeben und alle Erdmännchen stürzen sich zum nächsten Bau. Schakale gelten als noch gefährlicher. Manchmal scheinen sie sich einen Spaß daraus zu machen, einfach in der Nähe des Baus herumzulungern und dadurch die ganze Gruppe zu zwingen, in der Höhle zu bleiben, wodurch ihr kostbare Zeit der Futtersuche verloren geht.

Besonders aufmerksam sind die erwachsenen Erdmännchen, wenn die noch unerfahrenen und gefährdeten Jungen aus dem Bau kommen. Zeigt sich ein Lannerfalke, der gemeinhin nicht als gefährlich gilt, werfen sie sich wie eine schützende Decke über die Jungen. Denn die Jungtiere zu beschützen ist eine verantwortungsvolle Aufgabe für die Wachhabenden. Während die Jungen auf ihren ersten Ausflügen im Freien herumtapsen, verbringen die Aufpasser die meiste Zeit damit, sie zum nächstbesten, Sicherheit versprechenden Loch zu expedieren. Junge Erdmännchen haben in punkto Sicherheit viel zu lernen, manche Aspekte aber scheinen instinktgesteuert.

Eine verwandte Art, der Zwergichneumon, wurde diesbezüglich erforscht. Im Alter von 32 bis 40 Tagen fangen seine Jungen an, Warnrufe auszustoßen, wenn sich ein Greifvogel am Himmel zeigt. Mit fünf bis sechs Monaten drängt es sie, auf erhöhte Aussichtspunkte zu klettern. Das Erstaunlichste aber ist, dass Zwergichneumons eine bemerkenswerte Partnerschaft mit dem Nashornvogel eingehen. Im Zuge ihrer Nahrungssuchaktionen stöbern sie ihm Beute auf, die dem Vogel normalerweise nicht zugänglich ist. Er revanchiert sich, indem er Warnrufe vor Greifvögeln ausstößt, die für ihn selbst keine Gefahr darstellen. Die Partnerschaft ist so fein abgestimmt, dass der Nashornvogel erst dann mit seiner täglichen Nahrungssuche beginnt, wenn die Zwergichneumons morgens aus ihrem Bau gekommen sind.

Man könnte vermuten, dass die Tiere, die Wache stehen, einen hohen Preis für ihre Tätigkeit zahlen. Nicht nur kommen sie selbst nicht zur Futtersuche, sie sind auch ungeschützt der Hitze ausgesetzt und können leicht selbst zur Beute eines Räubers werden, den sie nicht bemerkt haben. Im Schnitt verliert ein rangniederes Männchen, das eine mittelgroße Gruppe bewacht, ein Fünftel seiner eigenen Zeit für die Nahrungssuche. Bei einer kleineren Gruppe sogar noch mehr. Außerdem steht der Posten meist etwas von der Gruppe entfernt. Erfolgt ein Angriff, muss er mehrere Meter weit rennen, um zu den anderen oder einem Schlupfloch zu kommen.

Auf den ersten Blick scheinen die Wachtposten kleine Helden zu sein. Doch man kann die Sache auch anders sehen. Hat sich ein Erdmännchen satt gefressen, ist für es selbst der Dienst als Wachtposten das sicherste, denn so sieht es als Erstes eine nahende Gefahr und kann sofort entsprechende Maßnahmen ergreifen. Die Motivation, den Aufpasser zu spielen, könnte also durchaus egoistische Züge haben.

Ihrer kleinen Statur zum Trotz sind die Erdmännchen nicht feige. Zumindest den weniger gefährlichen ihrer Feinde stellen sie sich mutig in den Weg. Was ihnen an Körpergröße fehlt, das machen sie durch Aggression und Zahlenstärke wett. Zu kleinen Banden zusammengerottet, greifen sie potenzielle Räuber an, vielleicht um sie aus der Gegend zu vertreiben. Sie verwenden beispielsweise viel Enthusiasmus darauf, Kapkobras in der Nähe ihres Baus aufzuscheuchen und zu ärgern. Das verringert wohl das Risiko, dem Reptil im Bau zu begegnen. Die Kobras, die über einen Meter lang werden können, verteidigen sich, indem sie immer wieder zustoßen. Doch die Erdmännchen weichen geschickt aus und beißen die Schlange in den Schwanz. Die hier ge-

Nur zu oft verkriechen sich Kapkobras in den Bauen der Erdmännchen, die aber sind immun gegen Schlangengift.

zeigte Heldenhaftigkeit mag daher rühren, dass ihnen Schlangengift wenig anhaben kann. Man sagt, sie könnten die sechsfache Dosis dessen vertragen, was einem Kaninchen den Garaus macht.

Hühnerhabichte und andere kleine Greifvögel werden ebenfalls attackiert, indem die Erdmännchen nach ihren Füßen schnappen, wenn sie vom Boden auffliegen. Auch vor dem Kapfuchs schrecken die kleinen Kobolde nicht zurück. Immer wieder scheuchen sie ihn von seinem Lager auf. Nur Achtung gebietendere Gegner wie Schakal und Honigdachs werden respektvoll gemieden. In die Enge gedrängt, wagt eine Gruppe von Erdmännchen aber auch den Angriff auf einen Schabrackenschakal. Mit hochgestellten Schwänzen, gerundetem Rücken und aufgeplustertem Fell bilden sie eine Phalanx, die wie ein einziges Riesentier aus offenen Mäulern fauchend auf den verdutzten Feind vorrückt.

Solche Bravade hängt natürlich von der Größe der Gruppe ab. Eine Bande von mindestens sechs Erdmännchen wagt den Sturmangriff auf einen Schakal; ist die Gruppe kleiner, flüchtet sie in den Bau. Von dort aus kann ein gefährlicher Räuber regelrecht ausgelacht werden. Es ist höchst amüsant, einen Schakal zu sehen, der seinen Kopf in einen Höhleneingang steckt, das Hinterteil unelegant in die Luft gereckt, während eine Rasselbande von Erdmännchen knurrend aus einem anderen Ausgang lugt.

Erdmännchen und andere gesellig lebende Mangusten stehen zudem in dem Ruf, heroische Befreiungsaktionen zu wagen, sollte ein Einzeltier in Gefahr sein. Beim berühmtesten beobachteten Fall kletterte eine Gruppe von Erdmännchen auf einen Baum, um einen der ihren aus den Krallen eines Adlers zu befreien! Auch die Art und Weise wie sie sich um einen verletzten Artgenossen kümmern, ist außergewöhnlich. Die Gruppe eskortiert den Invaliden nicht nur zum Bau, er wird dort auch versorgt und gefüttert, bis er sich erholt oder stirbt. Einige erwachsene Erdmännchen kuscheln sich an den Verletzten, selbst wenn die Tiere nicht miteinander verwandt sind. Andere bringen Beute in den Bau (oft die sehr begehrten Eidechsen oder Geckos). Solange das verletzte Tier im Bau ist, bleiben alle in der Nähe, bewegen sich langsamer und ziehen sich früher zur Nachtruhe zurück als üblich. Auch wird der Verletzte öfter gegrüßt, und zwar in der geduckten Haltung, die gegenüber dominanten Tieren üblich ist, und sein Fell wird gepflegt, auch wenn er die Geste nicht erwidern kann. Ganz allgemein wird viel Laut gegeben, umarmt, gegrüßt und alles dreht sich in der Erholungsphase um den Verletzten.

Vorige Seite: Ausschau haltende Erdmännchen.
Unten: Verglichen mit Käferlarven, der üblichen Nahrung der Erdmännchen, ist diese Eidechse eine fette Beute.

Die Reviere der Erdmännchen

Die Erdmännchengruppen der südlichen Kalahari bewohnen Territorien, die zwischen 200 und 1000 Hektar groß sind. In jedem befinden sich Dutzende von Bauen und Schlupflöchern, deren Lage jedem Tier fest eingeprägt ist, sodass sich kein Tier je weiter als 50 Meter von einer Höhle entfernt befindet.

Die Baue bieten Schutz vor Räubern, Hitze und Kälte und werden zum Übernachten ebenso aufgesucht wie zur Siesta. Meist werden sie von den Erdmännchen selbst in den festen Boden ausgetrockneter Flussbetten gegraben. Sie teilen aber auch schon vorhandene Baue mit anderen Arten wie den Erdhörnchen oder der Gelben Manguste. Gelegentlich wird auch eine geschützte Felsspalte genutzt.

Grenzkontrollen und die allgemeine Pflege des Reviers spielen eine große Rolle. Alle wirken an Bau und Pflege der Höhlen mit.

Wie eine Reihe von Kettensträflingen graben sie hintereinander, jeder schaufelt weiter, was der Vordermann an Erde und Sand losgebuddelt hat. Andere setzen regelmäßig Duftmarken an den Territoriumsgrenzen, besonders, wenn der Geruch einer Nachbargruppe entdeckt wurde.

Manche Gruppen sind so penibel sauber, dass alle Mitglieder eine Art Gemeinschaftslatrine aufsuchen, um das eigene Revier nicht zu verunreinigen.

Die Reviere werden rigoros verteidigt und »Bandenkriege« sind keine Seltenheit. Ein typisches Erdmännchen-Scharmützel beginnt mit dem Zusammentreffen zweier Gruppen an der Reviergrenze. Alle Mitglieder der opponierenden Parteien stellen sich auf die Hinterbeine. Dann bekunden sie dem Feind ihre Verachtung, indem sie höher und immer höher springen. Unter der Führung des dominanten Männchens kann es dann zum Angriff kommen. Meist gewinnt die größere Gruppe. Dann folgt ein wahrer Siegesrausch: Die Tiere lausen und umhalsen sich gegenseitig, markieren einander an den Flanken mit ihren analen Duftdrüsen, zuletzt defäkieren sie en masse in frisch ausgebuddelte Gruben auf dem »Schlachtfeld«.

Jagdgewohnheiten

Beim Aufspüren der Beute halten sich die Erdmännchen an eine gewissenhaft befolgte Routine: Jeden Tag wird ein anderes kleines Areal innerhalb des Reviers durchforstet, wobei kein Winkel unbeachtet bleibt. Es kann eine Woche oder länger dauern, ehe dieses bestimmte Gebiet erneut durchstöbert wird. So kann sich der Nahrungsbestand immer wieder auffüllen.

Hauptnahrung der Erdmännchen sind Insekten (vor allem Larven und erwachsene Käfer). In der Kalahari machen sie zwei Drittel ihrer Beute aus. Wenn vorhanden, so nehmen sie aber auch andere Beute, wie kleine Reptilien.

Gegen Schlangengift sind sie immun und offenbar können sie auch das Gift von Skorpionen vertragen. Eine Giftmenge, die für ein Kind tödlich wäre, verursacht ihnen nur leichtes Unbehagen. Haben sie einen Skorpion aufgespürt, weichen sie den Scheren blitzartig aus, während sie ihn immer wieder anstupsen und den stachelbewehrten Schwanz geschickt dirigieren, bis der Skorpion so ermüdet ist, dass sie ihn fassen und fressen können. Zwei Skorpionarten stehen auf ihrer Speisekarte: ***Opisthophthalmus***, der seine Beute mit den Scheren, nicht mit seinem Gift attackiert,

Bei der Nahrungssuche wühlen und buddeln die Erdmännchen unablässig mit den Vorderpfoten im Boden, um darin verborgene Beute aufzustöbern.

Oben: Die Scheren des gerade verspeisten Skorpions hängen diesem Erdmännchen noch aus dem Maul. ***Nächste Seite***: Auf Futter wartende Jungtiere.

18

Erdmännchen

weshalb sie ihn vom hinteren Ende her so verspeisen, dass ihnen die großen Scheren zum Schluss aus dem Maul baumeln, sowie *Parabuthus*, der kleine Scheren, aber einen gewaltigen Stachel hat; ihn fressen sie vom Kopf her.

Tausendfüßer, die Hauptnahrung der Zebramangusten, verspeisen die Erdmännchen nur im Notfall. Ihr Geschmack scheint ihnen nicht zu behagen, denn sie wälzen das Kerbtier im Sand, schrecken zurück, schütteln den Kopf und wischen sich übers Maul, wenn sie in einen Tausendfüßer gebissen haben.

Kleine Reptilien sind hingegen eine beliebte Nahrungsquelle. Ausgiebige Grabungsarbeiten werden unternommen, um kleine nachtaktive Geckos auszubuddeln. Tatsächlich verzehren die Erdmännchen mehr Reptilien, darunter Schlangen und Agamen, als jede andere Schleichkatzenart.

Nagetiere stehen hingegen nicht auf dem Speiseplan der Erdmännchen, sie sind beliebte Speise der Gelben und der Zebramanguste. Da die Gelben Mangusten nicht größer sind als die Erdmännchen, kann es nicht daran liegen, dass sie sie nicht überwältigen könnten. Aber zu ihrem Fang bedarf es anderer Strategien als zur Insektenjagd. Während die Gelbe Manguste allein und still jagt, gehen Erdmännchen in der Gruppe auf Futtersuche und stoßen dabei ein ständiges »brrp« aus, offenbar, um Kontakt zu halten (daher auch der früher gebräuchliche Name Schnarrtier). Dieses Schnarren ist wohl der Grund, weshalb sie keinen Nagern nachstellen, denn das Geräusch würde die ohnehin seltenen Kleinsäuger warnen.

Insekten gibt es oft in großer Zahl auf kleinem Raum, etwa in einem Dunghaufen oder einem Ameisennest. Deshalb sieht man Erdmännchen häufig Seite an Seite fressen. Kommt einer dem anderen zu nahe, wird er weggescheucht, aber Streit um die Nahrung ist ungewöhnlich, ja, größere Beute wird gemeinschaftlich gejagt. Geckos der Art *Chondrodactylus angulifer* leben in tiefen Erdbauen und zwei, gar drei Erdmännchen müssen eine halbe Stunde unermüdlich gemeinsam graben, um einen zu erbeuten. Die Zusammenarbeit lohnt sich, denn meist sind zwei Geckos in einem Bau.

In den verschiedenen Bereichen des Verbreitungsgebiets der Erdmännchen leben unterschiedliche Arten von Beutetieren. So sind in den roten Sanddünen der Kalahari Larven von Dunkelheit liebenden Käfern zahlreich, während Geckos und große Mistkäfer im Wurzelwerk der Rhygozumbüsche anzutreffen sind und orangefarbene Maikäfer finden sich in den Flussbetten.

Das Angebot der Areale hängt vom Wetter ab; je heißer und feuchter, desto mehr Käfer gibt es. Je weiter aber die Feuchtigkeit in den sandigen Böden absinkt, desto tiefer befinden sich die Käferlarven, manchmal außerhalb der Reichweite auch der entschlossensten Ausgräber. Aber die Erdmännchen sind anpassungsfähig und nicht auf eine einzige Futterquelle angewiesen – eine kluge Strategie, da sich das Angebot ja nach den höchst unterschiedlichen Niederschlägen in den trockenen Landstrichen richtet.

Der trockene Winter ist eine harte Zeit für die Erdmännchen. Die Nahrung ist knapp und hart umkämpft. Die saftigen großen Larven stecken tief im Boden, nur Ameisen und kleine Insekten sind erreichbar. Die Erdmännchen müssen sich mit wenig bescheiden, denn in den kalten Abendstunden lange Jagd zu machen, ist für kleine Räuber mit dünnem Fell keine Option. Und nie sind Erdmännchen nachts unterwegs, wenn andere Räuber auf Beute lauern.

Nach Maden buddeln ist harte Arbeit. Meist schaufelt ein Erdmännchen in wenigen Sekunden Sand vom Gewicht seines eigenen Körpers beiseite. Nach derart harter Plackerei ist ein Mittagsschläfchen wohl verdient, und auch für das Vergnügen bleibt immer noch ein wenig Zeit. Unabhängig von Alter und Status sind beim Spiel alle dabei; es wird herumgetollt, man boxt und knufft sich freundschaftlich und zieht sich gegenseitig am Schwanz. Dieses ausgelassene Spiel stärkt den Zusammenhalt der Gruppe, denn die hierarchische Ordnung ist für den Moment ohne Belang.

Fortpflanzung

Naht dann die Zeit der Fortpflanzung, zeigt sich die Bedeutung der Hierarchie, denn nur die dominanten Männchen und Weibchen pflanzen sich fort, es sei denn, die Bedingungen wären üppig. In der Gesellschaft der Erdmännchen steigt der soziale Rang mit dem Alter, allerdings können Weibchen den Fortpflanzungsstatus auch erben oder sich durch aggressives Verhalten erobern. Die Feindseligkeiten zwischen zwei älteren Weibchen einer Gruppe können beträchtlich sein, wobei das dominantere Weibchen sich über längere Zeit dem anderen gegenüber aggressiv zeigt. Überhaupt gibt es die meisten Feindseligkeiten innerhalb der Gruppe zwischen zwei älteren Individuen gleichen Geschlechts.

Geburt und erste Wochen

Ein bis drei Würfe pro Jahr – verteilt auf die Zeit zwischen Oktober und Juni – sind üblich; die dominanten Weibchen haben die meisten Würfe. Ein Wurf umfasst drei bis sieben Junge. Beim Rotichneumon und der Gelben Manguste liegen die Dinge etwas anders, sie haben pro Wurf nur ein bis zwei Junge. Die meisten Jungen werden zwischen Januar und März in großen Bruthöhlen geboren, die dann für kurze Zeit zum Mittelpunkt aller Aktivitäten werden. Normalerweise schwärmt die Gruppe in aller Frühe zu einer Futtersuche aus, die kilometerweit von der Höhle wegführen und den ganzen Tag dauern kann. Nach der Geburt von Jungen jedoch kommt die Gruppe später als sonst aus dem Bau, verbringt mehr Zeit mit Sonnenbaden, Grüßen, gegenseitiger Fellpflege, dem Setzen von Duftmarken und auch die Nahrungssuche führt sie nicht weiter als 100 Meter vom Bau weg.

In den folgenden Wochen stehen die Jungen im Brennpunkt des Interesses. Für den beobachtenden Forscher ist das quälend, denn die Erdmännchen verbringen viel Zeit im nicht einsehbaren Bau, aus dem nur die aufgeregten Laute intensiver sozialer Kontakte zu hören sind.

Während der ersten vier Lebenswochen bleiben die Jungen im Bau und werden gesäugt. In den folgenden Wochen bekommen sie weiterhin Milch, werden aber zusätzlich bereits mit vorgekauter Nahrung versorgt, die von den Erwachsenen in die Bruthöhle gebracht wird. Den größten Teil dieser Versorgungsleistung erbringen die Männchen – auch Jährlinge und junge Helfer beteiligen sich, sind aber leicht geneigt zu mogeln und sich den mitgebrachten Bissen gleich wieder zurückzuholen, vor allem, wenn die Nahrung knapp ist.

Oben: Ein rangniederes Erdmännchen betreibt Fellpflege bei einem ranghöheren.
Gegenüber: Nach der täglichen Nahrungssuche versammeln sich die Erdmännchen an den Eingängen des Baus.

Noch während die Jungen sich in der Bruthöhle aufhalten, fangen einige Gruppenmitglieder – Männchen ebenso wie Weibchen – an, die Aufgabe von Babysittern zu übernehmen, damit die Mutter auf Futtersuche gehen kann. Das Säugen ist kräftezehrend und die Mutter muss Nahrung haben, damit sie genügend Milch produzieren kann. Am häufigsten übernehmen die älteren Kinder derselben Mutter die Rolle der Babysitter. Eine wahre Strafarbeit, denn sie bedeutet einen ganzen Tag lang fasten; und das für ein Tier, das gewöhnt ist, alle paar Minuten etwas zu fressen! Tatsächlich verlieren die Babysitter in dieser Zeit bis zu zehn Prozent ihres Körpergewichts.

Meist übernimmt ein erwachsenes Tier allein diese aufreibende Aufgabe, doch gelegentlich sind bis zu drei junge Babysitter in einer Bruthöhle. Sind Jährlinge die Babysitter, gesellt sich ihnen oft ein weiteres Gruppenmitglied zu, was den Verdacht nährt, dass man den Jährlingen nicht recht traut. In der Tat scheinen die erwachsenen Babysitter gewissenhafter. Sind es mehrere, kann jeweils einer in der Nähe der Höhle kurz nach Futter suchen, doch ein einzelner Babysitter verlässt die Höhle nicht und kann erst am Abend, wenn die Gruppe heimgekehrt ist, rasch ein wenig Beute machen. Obgleich sich prinzipiell alle Gruppenmitglieder irgendwann als Babysitter betätigen, sind diejenigen, die sich fortpflanzen (vor allem die dominanten Tiere), weniger dazu geneigt, und manche Muttertiere übernehmen die Aufgabe nie. Je kleiner die Gruppe, desto größer der Druck auf alle Individuen, sich an der Plackerei zu beteiligen.

Zu den Aufgaben der Babysitter gehört es, Räuber von der Höhle fernzuhalten und die Jungen, die sich schon herauswagen,

Trotz ihrer guten Anpassung sind die Erdmännchen den Bedingungen ihrer Umgebung ausgeliefert. Regen bedeutet lebenserhaltende Nahrung, er kann aber auch die Baue überschwemmen, sodass die Jungen ertrinken.

in die Höhle zu bringen, sobald Gefahr droht. Kleinere Räuber und Einzeltiere aus anderen Erdmännchengruppen werden meist verjagt. Doch wenn eine Nachbargruppe auf ihrem Futtersuche-Trip auf eine bewachte Bruthöhle stößt, kann sich die Sache umkehren. Die Mitglieder dieser Gruppe versuchen dann oft, den Babysitter zu verjagen. Gelingt es ihnen, töten sie unweigerlich den ganzen Wurf. Zum Glück sind viele der Babysitter die Schwergewichte der Gruppe, imposante Bodyguard-Typen, mit denen man sich ungern anlegt.

Die Jungen sind vielen Gefahren ausgesetzt, am größten ist das Risiko einer Überschwemmung des Baus, denn die Fortpflanzung fällt in die Regenzeit. Diese garantiert zwar eine Menge Käferlarven, doch bei schweren Gewitterstürmen kann Wasser in den Bau eindringen, was immer verheerende Folgen hat. Man hat Babysitter beobachtet, die verzweifelte Rettungsaktionen unternahmen und die Jungen eins ums andere rasch in eine höher gelegene Höhle trugen, doch kein Erdmännchen-Babysitter der Welt kann einen unterkühlten Wurf in einem Bau retten, in dem das Wasser steht.

Höhepunkt der Erdmännchen-Fürsorge für ihre Jungen ist die Tatsache, dass es bei ihnen Ammen gibt – Weibchen, die die Jungen anderer Weibchen säugen. Die meisten Ammen sind rangniedere Weibchen, die ihren Wurf verloren haben, doch bemerkenswerter Weise produzieren manche Weibchen Milch, obwohl sie selbst nicht trächtig waren. Dass ein Weibchen den Nachwuchs eines anderen säugt, ist bei Raubtieren nicht ungewöhnlich, doch das Phänomen der spontanen Laktation ist selten. Man hat es auch bei den Zwergichneumons beobachtet, beim Äthiopischen Wolf und angeblich auch bei einigen anderen Kaniden. Weibchen können auf diese Art verwaiste Junge adoptieren. Die Last der Aufzucht zu teilen erhöht nicht nur die Überlebenschancen der Jungen, weil immer Milch zu Verfügung steht, sondern auch die der Mütter, denn die Milchproduktion kann lebensbedrohlichen Stress bedeuten.

Am gefährlichsten für die Jungen ist die Zeit zwischen der dritten und fünften Lebenswoche, wenn das Fell noch schütter ist und die Gefahr des Erfrierens droht. Die meisten Jungtiere sterben, wenn durch schwere Gewitterstürme die Temperaturen drastisch fallen. Wahrscheinlich verbringen die Jungen die ersten Wochen im Nest eng aneinandergekuschelt; eine Gewohnheit, die sie auch beibehalten, wenn sie aus der Höhle kommen. Sowie der Babysitter sie außerhalb der Höhle allein lässt, rücken sie dicht zusammen. Verlieren sie den Kontakt oder kommt eine kalte Brise auf, rufen sie laut, bis Rettung naht.

Das Zusammenkuscheln ist Schutz gegen die Kälte und spart so für das Wachstum dringend benötigte Energie. Und rasches Wachstum ist wichtig, denn mit etwa acht Wochen müssen die Jungen in der Lage sein, bei der Futtersuche Schritt zu halten. (Zwergichneumons müssen bereits mit 25 Tagen mithalten können). Andere Raubtiere haben Strategien entwickelt, die sichere Periode der Jungen etwas zu verlängern. Die halb gesellig lebenden Gelben Mangusten machen beispielsweise einzeln Jagd auf kleine Säuger, versorgen die Jungen im Nest aber gemeinschaftlich etwa zehn Wochen lang. Für Erdmännchen wäre es ineffizient, über einen so langen Zeitraum gefangene Insekten zur Höhle zu bringen. Der Bestand rund um die Höhle könnte zu stark geplündert werden, während sich im Rest des Reviers eine Überfülle entwickelt.

Das Sozialleben der Erdmännchen ist komplex; einmal geknüpfte feste Bande halten ein Leben lang.

Erste Ausflüge

Mit etwa fünf Wochen kommen die Jungen erstmals aus der Bruthöhle. Etwas mehr als zwei Drittel von ihnen erreicht das Alter von 12 Wochen, den Zeitpunkt, an dem sie sich unabhängig von den anderen auf Futtersuche begeben. Während dieses Zeitraums sind sie extrem gefährdet, Beute von Räubern zu werden. Wenn sie mit etwa acht Wochen die erwachsenen Tiere bei der Futtersuche begleiten, sitzen sie am Rand der Gruppe und warten darauf, gefüttert zu werden. Oft eilen sie auch zu einem rufenden Erwachsenen oder einem anderen Jungtier, das gerade gefüttert wird. Anfangs bilden sie eine Art Kindergarten in der Nähe eines Schlupflochs, der von einem Aussichtspunkt aus beobachtet wird. Dieselben Gruppenmitglieder, die in den Höhlen die Aufgabe als Babysitter erfüllten, sind jetzt für die Beaufsichtigung des Kindergartens zuständig. Zwei Wochen, nachdem sie die Höhle verlassen haben, wird jedes Jungtier von einem Erwachsenen als »Lehrling« adoptiert. Es folgt dem »Meister« wie ein Schatten, vertreibt andere Jungtiere von ihm, bettelt ihn ständig um Nahrung an und bekommt meist die besten Brocken der Beute. In dem Durcheinander aus Betteln und Verscheuchen bleibt es nicht aus, dass die Meister immer wieder wechseln. In der dritten Woche außerhalb der Bruthöhle haben die

Jungen an Selbstvertrauen gewonnen und suchen selbstständig Nahrung. Die Erwachsenen bringen ihnen dann noch lebende, aber zu keiner Gegenwehr mehr fähige größere Beute und tragen sie den Jungen hinterher, wenn diese den Tötungsbiss verpatzen.

Von einem vier Monate alten Erdmännchen wird erwartet, dass es sich selbstständig ernähren kann, doch versuchen die Jugendlichen bis zum Alter von sieben Monaten den Älteren Nahrung abzuluchsen, besonders denen, die vorher für sie gesorgt haben, selbst wenn die inzwischen die Jungen eines weiteren Wurfs zu versorgen haben.

Allem Eifer der Erdmännchen zum Trotz bestimmen letztlich die Umweltbedingungen das Überleben der Jungen. Wie viele Würfe ein Weibchen im Jahr produziert, hängt vor allem davon ab, wie viel Regen fällt, nicht davon, wie viele Helfer es zur Verfügung hat, und das gilt auch für das Überleben der geborenen Jungen. Die Zahl der Helfer zu erhöhen bringt nichts, wenn es wegen Trockenheit an Nahrung mangelt. Und es ist nun einmal die Niederschlagsmenge, die bestimmt, ob es genügend Futter gibt, wenn die Jungen entwöhnt sind, ja, sie bestimmt sogar, ob die Weibchen trächtig werden. Die Erdmännchen scheinen jeden ergiebigen Regen zur Paarung zu nutzen. Allerdings heißt Regen zur Paarungszeit noch nicht, dass es auch genügend Niederschlag gibt, wenn die Jungen geboren sind. Das Risiko, dass die Bedingungen sich verschlechtern, während die Mutter säugt,

Oben: Der Auob River in der Kalahari ist normalerweise ein ausgetrocknetes Flussbett, doch schwere Regengüsse haben ihn mit Wasser gefüllt. In der Feuchtigkeit gedeihen Käferlarven, Nahrung für die Erdmännchen.

ist groß. Herrscht wegen Dürre akuter Nahrungsmangel, kann ihre Milch ausbleiben. Dann kann es geschehen, dass der ganze Wurf verlassen wird. Und bleibt der Regen aus, kann es sein, dass überhaupt keine Paarung stattfindet. Ist aber Nahrung im Überfluss vorhanden, erholen sich die Weibchen rasch von den Strapazen der Schwangerschaft und Aufzucht und werden bald erneut trächtig, sodass die Brutzeit in besonders feuchten Jahren bis zum frühen Winter anhalten kann.

Menge und Verteilung der Niederschläge ist für das Leben der Erdmännchen also entscheidend. Fällt in einem Jahr aller Regen zwischen Oktober und Dezember, dann bedeutet das für den Nachwuchs aller Tiere, deren Brutsaison später liegt, extrem schlechte Bedingungen. Fällt dieselbe Regenmenge verteilt auf den Zeitraum zwischen Oktober und März, dann herrschen zur Zeit der Geburt der Jungen recht moderate Bedingungen, und ein Muttertier kann vielleicht sogar zwei Würfe großziehen. Um den Anforderungen von Trächtigkeit, Geburt und Laktation gerecht werden zu können, brauchen die Weibchen deutlich mehr Nahrung und viel Unterstützung bei der Pflege der Jungtiere.

Außer den Niederschlägen bestimmen noch weitere Faktoren den Zeitpunkt der Paarung; allerdings sind sie bisher nahezu unerforscht. Man fragt sich beispielsweise, warum benachbarte Gruppen nicht notwendigerweise zur selben Zeit Nachwuchs produzieren, während die Geburten innerhalb einer Gruppe

Nächste Seite: Physiologisch sind Erdmännchen gut an die große Hitze angepasst. Der Nachteil ist, sie verlieren schnell Körperwärme und müssen durch ein Sonnenbad am Morgen erst Wärme tanken, ehe sie Nahrung suchen.

nahezu gleichzeitig erfolgen. Möglicherweise gibt es eine Art sozialen Stimulus, wie man ihn bei anderen geselligen Raubtieren beobachten kann, darunter den Zwergichneumons.

Kindstötung

Ein uns Menschen sehr grausam erscheinender Aspekt vieler Säugetier-Gesellschaften ist die Tötung der Jungen. Am bekanntesten ist das Beispiel der Löwenmännchen, die die Jungen anderer Männchen töten. Auch in der Gemeinschaft der Erdmännchen kommt das Phänomen vor, allerdings scheinen hier die Weibchen die »Täter« zu sein. Wenn Männchen den Nachwuchs der anderen töten, dann wollen sie damit dem eigenen einen Vorteil verschaffen. Doch bei den Erdmännchen können sich die Männchen der Gruppe nicht sicher sein, wer den Wurf zeugte, denn auch den Rangniederen gelingt es gelegentlich, sich zu paaren. Auch kommt es vor, dass Banden von Männchen eine benachbarte Erdmännchen-Gruppe übernehmen. Sie vertreiben dann zwar die Männchen der Gruppe, helfen aber bei der Aufzucht der Jungen, die sie nicht gezeugt haben. Umgekehrt die Löwen, sie töten den Nachwuchs ihres Vorgängers bei einem Weibchen. Eine mögliche Erklärung für diese unterschiedlichen Verhaltensweisen bei übereinstimmender Ausgangslage mag darin liegen, dass die Erdmännchen so viele Aufgaben zu erledigen haben, die am besten in der Gemeinschaft bewältigt werden, dass auch nicht verwandte Neuzugänge willkommen sind. Warum Weibchen Junge morden, scheint das düstere Geheimnis der Erdmännchen-Gesellschaft zu sein. In den meisten Fällen tötet ein trächtiges dominantes Weibchen den Wurf eines rangniederen, um so sicherzustellen, dass alle in den Bau gebrachte Nahrung allein ihren Jungen zugute kommt. Doch gibt es keinen Beweis, dass der Nachwuchs dominanter Weibchen durch die grausige Tat wirklich einen Vorteil hat.

Trächtige rangniedere Weibchen werden auch oft kurz vor der Geburt der Jungen aus der Gruppe vertrieben. Die ausgestoßenen Mütter dürfen sich der Gruppe erst wieder anschließen, nachdem sie geboren haben; ihr Wurf überlebt natürlich nicht. Die wieder aufgenommenen Weibchen bringen aber offenbar weder den Wurf des dominanten Weibchens um noch werden sie in den folgenden Monaten erneut trächtig, vielmehr besteht eine hohe Wahrscheinlichkeit, dass sie Ammen werden.

Meist sind es hormonelle Faktoren, die die Trächtigkeit rangniederer Weibchen verhindern, wie das jedoch vor sich geht, ist noch unerforscht. Bei den Zwergichneumons bleibt der Östrogenspiegel, der für eine erfolgreiche Befruchtung hoch sein muss, bei den rangniederen Weibchen konstant unterhalb der Grenze, die eine Befruchtung ermöglicht. Erst bei den älteren Weibchen führt die Paarung auch zur Befruchtung. Hingegen haben die männlichen Zwergichneumons unabhängig von ihrem Rang einen hohen Geschlechtshormonspiegel. Die rangniederen Männchen werden aber entweder von den dominanten daran gehindert, sich zu paaren, oder sie dürfen sich nur mit den unfruchtbaren rangniederen Weibchen paaren. Trotzdem haben auch die Rangniederen gelegentlich ihre Chance, denn wie die Erdmännchen leben auch die Zwergichneumons in größeren Gruppen, in denen es den dominanten Männchen nicht möglich ist die fortpflanzungsfähigen Weibchen ständig im Auge zu haben. Hier und da gelingt es einem Rangniederen eben doch, sich mit einem dominanten Weibchen zu paaren und es zu befruchten.

Warum lassen sich die Rangniederen eine solche Behandlung gefallen? Bei beiden, den Zwergichneumons ebenso wie bei den Erdmännchen, zeugen die dominanten Männchen die meisten Jungen. Die Wahrscheinlichkeit, dass die Weibchen einer Gruppe miteinander verwandt sind, ist also hoch. Für ein sich nicht fortpflanzendes untergeordnetes Weibchen zahlt sich die Investition in nahe Verwandte also insofern aus, als sie sicherstellen, dass sich wenigstens ein paar ihrer eigenen Gene in die zukünftigen Generationen retten. Das mag der Grund sein, weshalb sie sich an der Aufzucht des Nachwuchses so intensiv beteiligen. Selbst wenn ein dominantes Weibchen die Fortpflanzung eines rangniederen verhindert, bietet die enge Verwandtschaft letzterem hinreichend Anreiz, bei der Gruppe zu bleiben.

Ausreißer

Die Jugendlichen und Rangniederen einer Erdmännchengruppe müssen lange warten, bis sie den Paarungsstatus erreichen. Manchmal verlieren die Männchen die Geduld, verlassen die Gruppe und greifen zu roher Gewalt. Es kommt vor, dass eine herumziehende Junggesellenbande die Männchen einer Nachbargruppe angreift und ihr Revier – und ihre Weibchen – stielt. Auch junge

29

Erdmännchen

Weibchen sind gelegentlich verleitet abzuhauen, manchmal sogar en masse. Sie schließen sich dann meist einer Junggesellenbande an. Beide Geschlechter reißen oft in Begleitung von Verwandten, häufig Geschwistern, aus, manchmal auch mit den Gruppenmitgliedern, die bei ihrer Aufzucht halfen.

Insgesamt büxen mehr Männchen als Weibchen aus. Die wenigen Weibchen, die sich allein von ihrer Gruppe absetzen, sind sehr wählerisch, ehe sie sich einer neuen anschließen. Sie verbringen somit nicht nur mehr Zeit allein, sie begeben sich auch weiter von der Ursprungsgruppe weg. Einerseits setzen sie sich damit großer Gefahr aus, andererseits wird ein einzelnes Weibchen leichter von einer neuen Gruppe akzeptiert als ein Männchen, wahrscheinlich weil die Weibchen sich außerordentlich kooperativ zeigen, also quasi für die Aufnahme in die Gruppe zahlen.

Vorige Seite: Kräftemessen.
Oben: Für einige in der Wüste lebende Säuger sind die Tsamma-Melonen eine wichtige Wasserquelle. Erdmännchen hingegen trinken fast nie, die Feuchtigkeit ihrer Beute genügt ihnen.

Erdmännchen beiderlei Geschlechts scheinen ihr Ausreißen vorzubereiten. Bei der Futtersuche wagen sie sich weiter weg, auch in das Territorium anderer Gruppen, und spionieren neue Höhlen und Aussichtspunkte aus. Sie erforschen auch fremde Duftmarken; all dies hilft ihnen, die gesellschaftlichen Gegebenheiten auszuloten und zu entscheiden, ob sich der Wechsel lohnt. Zu einer Gruppe zu stoßen, in der es viele sich fortpflanzende Männchen gibt, wäre für ein junges Männchen kein Vorteil. Findet es aber eine Gruppe mit vielen Weibchen, sieht die Sache schon anders aus. Meist suchen die Auswanderer neue Gruppen mit wenigen alten Individuen gleichen Geschlechts.

Gemeinhin reißen die Männchen zu Beginn der Paarungszeit aus, wenn ihre Chancen, sich selbst zu paaren, gut stehen. Besonders wenn das dominante Weibchen einer Gruppe trächtig ist, lohnt sich der Schritt, denn sie könnten jetzt ein ausgestoßenes Weibchen treffen, mit dem sich eine neue Gruppe gründen ließe. In jedem Fall ist es klug abzuhauen, ehe man zum Dienst als Babysitter herangezogen wird!

Nicht immer verlassen die Individuen die Gruppe freiwillig. Von den ausgestoßenen Weibchen war bereits die Rede, doch es kann auch sein, dass eine Erdmännchenbande den Senior einer Gruppe vertreibt, wenn sie selbst diese Gruppe übernimmt.

Ausgerissene oder vertriebene Individuen, die eine neue Gruppe gründen wollen, sehen sich gewaltigen Problemen gegenüber, denn das hohe Maß an Arbeitsteilung, das für die Erdmännchengesellschaft so wichtig ist, wird fast unmöglich, wenn die Gruppe sehr klein ist. In einer Gruppe mit nur drei oder vier Mitgliedern herrscht ein gewaltiger Arbeitsdruck, denn säugende Weibchen sind automatisch von anderen Aufgaben freigestellt. Das kann bedeuten, dass die übrigen Gruppenmitglieder an die Grenze des Machbaren kommen. Die Aufgabe, Wache zu halten, wird am ehesten vernachlässigt, was meist tödliche Folgen hat. Unterbesetzte Gruppen haben ein extrem hohes Risiko, Räubern zum Opfer zu fallen.

Anpassungen an das Leben in der Wüste

Dass sie sowohl kleine Räuber als auch eine verlockende Beute sind, stürzt die Erdmännchen in viele Konflikte. Verstärkt werden diese noch durch die Tatsache, dass ihr Habitat die aride, lebensfeindliche Kalahari ist. Die Niederschläge sind unregelmäßig, die Temperaturen schwanken beträchtlich, sowohl in der Regen- als auch in der Trockenzeit, wobei die heißen, feuchten Monate Oktober bis April in einen kalten, trockenen Winter übergehen, der von Mai bis September dauert. Die Sommertemperaturen liegen gemeinhin über 20° C, erreichen oft bis zu 35° C, ja auch extreme 40° C, was bedeutet, dass sich der Sand auf über 70° C aufheizt, und der Temperaturunterschied zwischen Sonne und Schatten kann bis zu 30° C betragen. Unter dem klaren Winterhimmel sinkt die Temperatur nachts gewaltig ab, die moderate Tagestemperatur fällt in manchen Nächten bis auf bitterkalte -14° C.

Nahezu aller Regen des Jahres (weniger als 300 Millimeter) fällt in den Sommermonaten – also zwischen Januar und April –, wenn die Blütenpflanzen keimen und den Wüstenboden mit einem bunten Blütenteppich bedecken. Kurze Gewitter am Nachmittag und frühen Abend sorgen dann für Regen. Im Winter gibt es so gut wie keinen Niederschlag. Die Tage sind recht warm, doch bleibt das Temperaturmaximum unter der Marke von 20° C; die Nächte sind mit 0 bis 5° C kalt, und wenn die Temperatur bis auf -14° C fällt, führt das auch zu Bodenfrösten. Der Wind ist meist nur mittelstark, doch fegen häufig Sandhosen über das Land. Im August und September allerdings führen heftige Winde vom Norden und Westen zu schweren Sandstürmen, die auch Bäume entwurzeln.

Angesichts dieser harten Bedingungen befinden sich die Erdmännchen in einer anhaltenden Energiekrise. Da sie in den kalten Wintermorgen und den heißesten Mittagsstunden des Sommers Zeit verlieren, müssen sie die restlichen Tagesstunden für die Futtersuche nutzen. Zum Glück sind sie physiologisch gut an Zeiten knapper Nahrung und extremer Wüstenhitze angepasst. Sie haben einen bemerkenswert geringen Grundumsatz, nur 58 Prozent des üblichen Werts eines Tiers ihrer Größe. Der Vorteil dieses niedrigen Stoffwechsels liegt darin, dass wenig Energie für die Erzeugung der Körpertemperatur aufgewendet wird. In der brütenden Hitze der Kalahari ist das günstig: Da die Gefahr der Überhitzung gering ist, können die Erdmännchen in großer Hitze auf Nahrungssuche gehen, während der niedrige Energiebedarf nicht viel Futter nötig macht. Eine für die Nager der Wüste typische alternative Strategie besteht darin, während der Tageshitze Schutz in Erdlöchern zu suchen – eine Option, die den Erdmännchen mit ihrer tagaktiven Lebensweise nicht offen steht.

Ein niedriger Grundumsatz verringert auch den Wasserverlust des Körpers; das ist für Wüstentiere entscheidend. Das Fell der Erdmännchen ist ein hervorragender Wärmeleiter, der es ihnen ermöglicht, Hitze abzugeben, ohne zugleich Wasser zu verlieren. Selbst bei Temperaturen von 40° C können sie durch Hecheln etwa fünf Stunden lang verhindern, dass ihre Körpertemperatur steigt. Die größeren Säuger der Kalahari haben hier eine andere Lösung gefunden. Elenantilopen und Gazellen können eine über Tag langsam steigende Körpertemperatur ertragen, die dann über Nacht deutlich absinkt.

Die Fähigkeit der Erdmännchen, in der Hitze leicht Wärme abzugeben, hat ihre negative Seite, denn in der Nacht kühlen sie rasch aus. Deshalb müssen sie das »innere Öfchen« durch mehr Nahrung am Brennen halten und in der Kälte dicht zusammenrücken. Glücklicherweise sind die Temperaturen im Bau recht stabil. Während der Hitze ist er ein kühler Rückzugsort, in der Kälte dient er als Wärmekammer.

Sowohl ihr Verhalten als auch ihre Physiologie hilft den Erdmännchen also, unter den harten Bedingungen der Wüste zu überleben. Futter finden, Angriffe vermeiden und in der Tageshitze einen kühlen Kopf bewahren, das sind die Herausforderungen, denen sich die Erdmännchen ständig stellen müssen. Kommen sie dann am Ende des Tages in den Bau zurück, können auch sie sich entspannen und sich gelöst zusammenkuscheln. Manche dösen, andere betreiben Fellpflege. In der sicheren Wärme des Baus bilden sie, während sie einschlafen, ein unentwirrbares Knäuel, aus dem nur Beine, Schwänze, Pfoten und Nasen herausragen.

Nach einem Regenguss steht der stachlige *Tribulus terrestris* in Blüte, ein Signal, dass eine Zeit der Fülle für die Erdmännchen anbricht.

Vorige Seite: Erdmännchen, auch Surikate genannt, gehören zur Ordnung der Raubtiere, sind also ferne Verwandte von Fleischfressern wie Löwen, Hyänen, Wölfen, Bären, Wieseln und Waschbären.

Oben: Die Kalahari im südlichen Afrika, die Lebenswelt der Erdmännchen, ist dramatischen jahreszeitlichen Veränderungen unterworfen. Nach der Regenzeit bedeckt sich der sandige Boden mit einem Teppich aus Blütenpflanzen wie dieser *Nerina laticoma*, einer Lilienart.

Ein gesättigtes Erdmännchen sitzt entspannt, aber aufmerksam zwischen den gelben Blüten des Erd-Burzeldorns *(Tribulus terrestris)*. Die Regenzeit hat begonnen und eine kurze Zeit der Fülle wartet auf die kleinen Räuber.

Gegenüber oben: Als Erwachsene werden diese Löffelhundwelpen wie die Erdmännchen vor allem Insekten fressen, wobei ihre Hauptnahrung Termiten sind. Die Welpen werden von beiden Elterntieren betreut.

Gegenüber unten: Junge Erdmännchen, gerade alt genug, der Gruppe zu folgen, wenn sie auf Nahrungssuche geht, sind vielen Gefahren ausgesetzt und rücken gern dicht aneinander, wenn es brenzlig zu werden droht.

Oben: Die Kalahari beherbergt auch viele andere Raubtiere. Jedes ist auf seine Art an die Umgebung angepasst. Der Vorteil des Geparden ist seine Geschwindigkeit: bei kurzen Sprints erreicht er 100 km/h.

Oben: Nachts suchen die Erdmännchen Schutz in ihren unterirdischen Bauen, wo sie sich zusammenkuscheln, um sich zu wärmen. Im Morgengrauen kommen sie heraus und nehmen ein Sonnenbad, ehe sie auf Nahrungssuche gehen.

Rechts: Im Sommer kann es in der Kalahari bis 40° C heiß werden. Dann legen die Erdmännchen eine Siesta im kühlen Bau ein. Von Zeit zu Zeit schaut eines heraus, um zu prüfen, ob die Luft rein ist.

Oben: Die unterirdischen Höhlen sind unverzichtbar für die Erdmännchen, denn sie bieten Schutz vor den Elementen und vor Raubtieren. In den oft großen Revieren gibt es viele Baue, und jedes Mitglied der Gruppe scheint deren Lage ganz genau zu kennen, um bei Gefahr sofort darin verschwinden zu können.

Links: Auch Tunnel sind wichtig für die Erdmännchen. Hier markiert ein dominantes Männchen geschickt den Eingang mit den Duftdrüsen unter seinem Schwanz.

Gegenüber oben: Das Wüstenklima ist nicht einheitlich. In der Trockenzeit wird das wenige verbliebene Gras gelb und brüchig und der lockere Sand sengend heiß.

Oben: Eine Sandhose kündigt ein Gewitter an. In dem aufgewirbelten Sand können sich den Erdmännchen gefährlich werdende Räuber verbergen.

Links: Das trockene Flussbett im Nossobtal (Kalahari Gemsbok National Park) ist nach einem Regenguss mit Pfützen übersät. Nur selten, höchsten ein- bis zweimal im Jahrhundert, fällt genügend Regen, um diesen alten Fluss im Südwesten der Kalahari wieder zu füllen.

Während das Leben der erwachsenen Erdmännchen sehr viel Arbeit bereit hält, verwenden die Jungen ihre Energien darauf, Futter zu erbetteln und ausgelassen zu spielen. Besonders wenn die Alten in der Mittagshitze Siesta halten, sich von der anstrengenden Nahrungssuche erholen und etwas dösen wollen, wird das Spiel der Jungen heftig. Sie tragen Scheinkämpfe aus, ringen, boxen, knuffen, zerren aneinander und tollen wild herum. Die Jungen tun das nicht allein zum Spaß; es zementiert auch die sozialen Bindungen untereinander, die ihr Erwachsenenleben bestimmen werden.

Links: Der Kameldornbaum ist ein Schlüsselelement im Ökosystem der Kalahari. Antilopen sammeln sich in seinem Schatten und fressen seine Schoten. Dabei bildet sich ein dicker Dungteppich, der Käfern Nahrung und Nistplatz bietet. Die aus ihren Eiern schlüpfenden Larven sind eine Lieblingsspeise der Erdmännchen. Wenn die Sonne besonders erbarmungslos brennt, versammeln sich auch die Erdmännchen im Schatten der Bäume und legen von Baum zu Baum Pfade an.

Unten: Ein hoch aufgerichtetes Erdmännchen hat den Horizont aufmerksam im Blick. Mit ihren scharfen Augen können die Erdmännchen Rivalen und auf der Erde sich nähernde Feinde wie Löwen, Hyänen und Schakale ebenso ausmachen und unterscheiden wie hoch am Himmel kreisende Greifvögel. Besonders der Kampfadler wird von ihnen gefürchtet. Der kräftige Schwanz dient dem Erdmännchen als hilfreiche Körperstütze, während es geduldig in alle Richtungen Ausschau hält.

Die Hauptnahrung der Erdmännchen besteht aus Insekten, vor allem Käfern und Käferlarven. Doch auch Reptilien, meist kleine Geckos, aber auch Schlangen (***oben***) und Agamen (***gegenüber und rechts***) sind saftige und beliebte Leckerbissen. Um an Geckos zu kommen, ist meist heftige Wühlarbeit am Eingang zu ihrer Höhle nötig, wobei andere Eingänge nervös beobachtet werden, falls die Beute dort zu entwischen sucht.

Nächste Seite: Nach der anstrengenden Futtersuche des Tages genießen die Erdmännchen einen kurzen Moment der Ruhe. Gleich wird es kalt werden, dann verziehen sie sich in ihren warmen Bau.

Der Springbock (***links***) ist das Wahrzeichen der Kalahari. Eine kleine Gruppe dieser Antilopen sucht Schutz vor der Hitze im Schatten eines Kameldornbaums (***gegenüber oben***). Eine größere Herde äst in einem ausgetrockneten Flussbett (***unten***). Nach den Regenfällen, wenn saftig grünes Gras sprießt, sammeln sich die Tiere in großen Herden und bringen ihre Jungen zur Welt.

Während der Nahrungssuche ignorieren sich die Erdmännchen weitgehend. Doch zum Bau zurückgekehrt, begrüßen sie sich und beginnen mit ausgiebiger gegenseitiger Fellpflege (***gegenüber unten***). Wer wem das Fell in Ordnung hält, wird durch die Beziehungen innerhalb der Gruppe bestimmt. Ein rangniederes Tier nähert sich beispielsweise einem dominanten in geduckter Haltung. Es widmet sich erst dem Fell an der Kehle und arbeitet sich dann über den Kopf zum Nacken vor (***oben und gegenüber oben***). Beides ist äußerst erwünscht, denn diese Stellen kann das Tier nicht selbst erreichen. Ein einzelnes Erdmännchen, das aus der Gruppe verstoßen wurde, ist bald an Hals und Schnauze heftig von Zecken geplagt.

Ein junges Erdmännchen muss die es umgebende Kalahari bis in die kleinste Einzelheit hinein kennen lernen. Als Erwachsener wird es sich in einem großen Revier bewegen, doch selten weiter als 50 Meter vom Eingang eines Schlupflochs entfernt sein. Nach der Geschwindigkeit zu urteilen, mit der Erdmännchen bei Gefahr in solchen Löchern verschwinden, scheinen sie die exakte Lage aller Löcher und Höhleneingänge ganz genau zu kennen.

Nach der Regenzeit ist der rote Sand der Kalahari rasch mit einem dicken Teppich aus den gelben Blüten des Erd-Burzeldorns (*Tribulus terrestris*) bedeckt. Die Erdmännchen wissen, was diese Pracht bedeutet: Der Sand unter den Pflanzen wird bald voller Maden und Larven stecken, von anderen Leckerbissen, wie etwa einem saftigen Skorpion (***unten***), ganz zu schweigen. Das Gift der Skorpione scheint ihnen nichts auszumachen, eine Dosis, die für ein Kind tödlich wäre, bereitet ihnen bloß etwas Unbehagen, dennoch wissen sie dem Stachel geschickt auszuweichen.

Schlupflöcher sind überlebenswichtig für die Erdmännchen. Doch der ständig nachrutschende Sand verschüttet sie immer wieder. Es gehört zu den täglichen Pflichten der Gruppe, die Löcher und Gänge frei zu halten. Oft arbeiten sie dabei hintereinander wie Kettensträflinge, wobei der Hintermann weitertransportiert, was der Vordermann losgeschaufelt hat. Sobald ein Trupp auf Nahrungssuche in ein neues Areal kommt, widmet er sich zuerst der Renovierung der Schlupflöcher.

Vorige Seite: Hoch aufgerichtet beobachten die Erdmännchen einen Feind, den sie in der Ferne entdeckt haben.

Unten und gegenüber: Der Sonnenuntergang bringt seine ganz eigenen Risiken mit sich: Es wird rasch sehr kalt. Da sie so klein sind, verlieren die Erdmännchen schnell Körperwärme. Dagegen hilft nur, in den Bau zu kriechen und sich dort eng aneinandergekuschelt gegenseitig zu wärmen.

Auch andere Raubtiere ziehen ihre Jungen in Höhlen auf und sind so Konkurrenten der Erdmännchen. Zwei Fuchsarten, der Kapfuchs (***oben***) und der Löffelhund (***unten***), teilen ihr Habitat und sind feindliche Nachbarn. Obwohl Erdmännchen kleiner sind als der buschige Schwanz des Kapfuchses, können sie mit Kraft und Mut in der Gruppe über beide Füchse triumphieren.

Nächste Seite: Sind Jungtiere in der Nähe, sind die Erdmännchen noch aufmerksamer als sonst. Die Kleinen sind oft ungestüm, doch ein ermahnendes Knurren erinnert sie, wie wichtig es ist, nach Gefahren Ausschau zu halten.

67

Erdmännchen

Vorige Seiten: Nichts drückt die Geselligkeit der Erdmännchen besser aus, als ihre Gewohnheit, sich entspannt – oder auch ängstlich – zu umarmen. Als Vertreter einer der geselligsten Säugetierarten verbringen die Individuen meist das ganze Leben zusammen in derselben Gruppe.

Oben: Auch ein Erdmännchen wird mal müde. Dann werden die Lider schwer, der Körper sackt zusammen, die Schnauze senkt sich zur Brust. Doch die nachlassende Konzentration des einen Individuums wird wett gemacht durch die anhaltende Wachsamkeit seines Kumpans.

Im Gegenlicht der untergehenden
Sonne genießen zwei Erdmännchen
einen entspannten Moment der Ruhe. Diese
kleinen Räuber haben einen beständigen
Kampf zu führen, sind sie doch sengender
Hitze und klirrender Kälte ausgesetzt, und
die Suche nach Nahrung in der dürren
Kalahari ist schwer und gefährlich.

Die große Zahl der Tiere in einer Erdmännchengruppe ist ein Schutz vor Feinden, dennoch vermögen manche Panik auszulösen. Einen Kampfadler (***links***) sehen die Erdmännchen auf 300 Meter Entfernung und warnen mit einem Triller vor ihm, den kein Erdmännchen ignoriert. Kommt es zu einer unerwarteten Begegnung mit einem Schabrackenschakal (***gegenüber***), stürzen sich alle Hals über Kopf ins nächste Schlupfloch. Sollte sich eine Kapkobra genau dieses Loch für ein Schläfchen gewählt haben, so endet das meist in einer Katastrophe. Doch die Erdmännchen rächen sich an den Schlangen, wenn sie ihnen oberirdisch begegnen. Dann ärgern sie sie so erbarmungslos, dass sie sich verziehen. Sie beißen sie immer wieder in den Schwanz – ein wagemutiger Angriff unter der Führung des dominanten Männchens der Gruppe.

Zwei charismatischen Raubtieren der Kalahari, dem Leoparden (***gegenüber***) und dem Löwen (***oben***), galt und gilt weltweites Interesse. Doch die kleinen Erdmännchen sind um keinen Deut weniger interessant und können, wenn sie ihre Reißzähne blecken, ebenso wild und gefährlich aussehen.

Begegnungen zwischen Erdhörnchen (***gegenüber oben und unten***) und Erdmännchen kommen häufig vor, ja gelegentlich teilen sie den Bau miteinander. Neben den gewitzten Erdmännchen erscheinen die Hörnchen wie tumbe Tölpel, und wenn sie Zeit haben, machen sich die Erdmännchen einen Spaß daraus, sie zu necken. Sie reagieren aber sofort auf den Warnruf der Hörnchen.

Unten: Die Gelben Mangusten gehören zu den engsten Verwandten der Erdmännchen, ihr Sozialleben ist aber völlig anders organisiert. Mehr auf Fleisch aus, gehen sie allein oder zu zweit auf Jagd, leben aber als Gruppe in einer Höhle und sorgen gemeinschaftlich für den Nachwuchs.

Zwei Raubtierarten der Kalahari
suchen den Horizont ab: Geparden sind
große Raubkatzen, die Beute schlagen,
doch die winzigen Erdmännchen
müssen bei der Futtersuche vor Feinden
auf der Hut sein.

Die Kleinen werden von den Erwachsenen der Gruppe rührend umhegt, doch den Elementen gegenüber sind alle machtlos. Viele Jungtiere erfrieren oder ertrinken, wenn durch einen Regenguss der Bau überflutet wird. Gegen die Kräfte der Natur kann auch die größte Aufmerksamkeit nichts ausrichten.

Nächste Seite: Ein am Boden Wache haltendes Erdmännchen späht durch die Gräser, um einen sich anschleichenden Feind zu entdecken und vor ihm zu warnen.

81

Erdmännchen

Vorherige Seiten: Alles, was als erhöhter Aussichtspunkt dienen kann, seien es tote Baumstämme oder die Kronen lebender Bäume, dornige Büsche oder Termitenhügel, wird erklettert, um möglichst weiten und freien Blick zu haben. Vor allem die rangniederen Männchen versehen den Dienst als Wachtposten, während die anderen auf Nahrungssuche sind.

Oben: Manchmal gelingt es mehreren Weibchen der Gruppe, Junge aufzuziehen. Jugendliche, die eben noch selbst um Futter bettelten, sind jetzt Babysitter der ganz Kleinen.

Gegenüber: Junge Geschwister bleiben dicht beieinander. Das gibt Sicherheit angesichts der einschüchternden Umgebung.

In der Abenddämmerung taucht die untergehende Sonne den Himmel über der trockenen Kalahari in sanftes Rotgold.

Nächste Seite: Im Winter, wenn die Nahrung knapp ist und die Nächte lang und oft sehr kalt sind, brauchen die Erdmännchen am Morgen ein ausgiebiges Sonnenbad, um sich aufzuwärmen, ehe sie mit der Futtersuche beginnen.

Wasser ist ein Luxus in der Kalahari und nur zeitweise nach Regenfällen verfügbar. Die meisten Säugetiere trinken daher gern an künstlichen Wasserstellen, in die mit Windmühlen Grundwasser gepumpt wird. In stoischem Kontrast verzichten die Erdmännchen fast gänzlich auf Wasser und begnügen sich mit der Feuchtigkeit aus ihrer Nahrung.

Nach einer durchgemachten Schrecksekunde sucht dieses Jungtier Trost und Sicherheit bei einem erwachsenen Artgenossen. Die Erdmännchen gehören zu den acht geselligen Mangustenarten Afrikas.

Üblicherweise findet die Paarung in der Sicherheit der Höhle statt. Bei dieser riskanten Liaison im Freien hat das Weibchen den Himmel scharf im Auge, damit kein Kampfadler Nutzen aus der Situation zieht.

Oben: Zwei Löwen in der Abenddämmerung.

Gegenüber unten: Ein Erdmännchen auf dem Weg zu seinem Aussichtspunkt. Opfert es sich und hungert, damit die anderen gefahrlos Futter suchen können, oder hat es sich satt gefressen und weiß, dass der Aussichtspunkt die sicherste Stelle ist?

Rechts: Die Oryxantilope, auch Spießbock und in Afrikaans Gemsbok genannt, ist der Namenspatron des Kalahari Gemsbok National Park, der sich vom südwestlichen Botsuana bis in einen Nordwestzipfel der Republik Südafrika hinein erstreckt. In diesem Reservat wurde das Leben der Erdmännchen besonders intensiv erforscht.

Die Mütter der Raubtiere der Kalahari bringen ihrem Nachwuchs bei, wie er jagen und Wasser finden muss. Bei den Erdmännchen lehren die Erwachsenen die Kinder gemeinsam, zwischen Freund, Feind und Rivale zu unterscheiden.

Die Siesta in der Mittagshitze ist eine Ruhepause, bei der man sich auch einmal ausgiebig kratzen kann (***oben***). Manche Erdmännchen scharren sich einen kleinen Hügel aus kühlem Sand zurecht, über dem sie sich dann gemütlich ausstrecken (***gegenüber***).

Nächste Seite: Dieser Trupp hat bei der Rückkehr zum Bau den Geruch einer fremden Erdmännchengruppe gewittert. Die Schwänze angriffslustig hochgestellt, ist er bereit, sein Territorium zu verteidigen, notfalls in hartem Kampf.